INSTRUCTION
POUR LES VOYAGEURS
ET POUR
LES EMPLOYÉS DANS LES COLONIES,
SUR LA MANIÈRE DE RECUEILLIR,
DE CONSERVER ET D'ENVOYER
LES OBJETS D'HISTOIRE NATURELLE.

Rédigée sur l'invitation de Son Excellence le Ministre de la Marine et des Colonies,

PAR L'ADMINISTRATION
DU MUSÉUM ROYAL D'HISTOIRE NATURELLE.

PARIS,

DE L'IMPRIMERIE DE A. BELIN, RUE DES MATHURINS S.-J., N°. 14.
1824.

INSTRUCTION

Pour les Voyageurs et pour les Employés dans les Colonies, sur la manière de recueillir, de conserver et d'envoyer les objets d'histoire naturelle.

Son Excellence le Ministre de la Marine a bien voulu offrir à MM. les professeurs administrateurs du Jardin et du Cabinet du Roi, d'employer les moyens qui sont en son pouvoir pour augmenter la collection confiée à leurs soins. Elle se propose de donner des ordres aux chefs des colonies et aux commandans des vaisseaux de l'État, pour qu'ils se procurent, dans les divers pays où ils séjourneront, les objets qui manquent au Muséum, et elle a demandé à MM. les professeurs une instruction qu'elle enverra à ces officiers pour être communiquée à ceux qu'ils chargeront de seconder leurs vues. Cette instruction doit faire connoître :

1°. La manière de recueillir et de préparer les objets d'histoire naturelle.

2°. La manière de les emballer et de les faire parvenir en France dans le meilleur état possible.

3°. Le choix et la forme des notes qui doivent accompagner ces objets.

4°. L'indication des objets qui sont plus particulièrement désirés.

MM. les professeurs se sont occupés, chacun dans leur partie, de répondre à l'invitation de Son Excellence ; et ils ont cru devoir réunir en un seul Mémoire les notes qu'ils se sont communiquées. Chacun des voyageurs pourra en faire usage selon le pays dans lequel il se trouvera, et selon les circonstances dans lesquelles il sera placé.

La collection du Muséum se composant des objets des trois règnes, l'instruction demandée à MM. les professeurs doit être relative à cette division.

RÈGNE ANIMAL.

L'étude de la zoologie au Muséum d'histoire naturelle ne se borne pas à l'observation des formes des animaux, à la description de leurs organes : elle a pour objet encore d'examiner leurs habitudes, leur développement, leur instinct, et de chercher s'ils peuvent être de quelque utilité. Anciennement on ne pouvait s'instruire sur ces objets essentiels que par les relations des voyageurs. Les établissemens formés à grands frais par des princes ou de riches amateurs, pour réunir et soigner quelques animaux rares, étoient plutôt un objet de luxe ou de curiosité qu'un objet d'étude. Mais depuis que nous avons une ménagerie au Muséum, une nouvelle carrière d'observations s'est ouverte aux naturalistes. C'est là qu'on peut suivre les animaux dans tous les degrés de leurs développemens, et comparer leur manière d'être pendant la vie, avec leur organisation que l'anatomie fait connoître après leur mort; acquérir des connoissances positives sur les phénomènes si importans de l'accouplement, de la gestation, de la naissance; distinguer les variétés qui tiennent à l'âge de celles qui sont produites par le climat, par la nourriture, par le croisement des races, et déterminer avec certitude la différence qui existe réellement entre les espèces. Si ces animaux sont de nature à rendre des services à l'économie domestique ou à l'agriculture, et qu'ils se reproduisent, on a les moyens de les élever, de les former à la domesticité et de se procurer ainsi de nouvelles ressources. La vigogne, le lama, le kanguroo, le casoar seront peut-être un jour très-utiles.

Considérés sous le rapport de la science, il est peu d'animaux étrangers à l'Europe qu'il ne nous fût très-utile d'étudier. Si l'on excepte l'éléphant d'Asie, le tigre royal et le lion d'Afrique, l'histoire de tous les autres est plus ou moins incomplète. Celle même du lion n'est bien connue que depuis que la lionne de la ménagerie a fait des petits : c'est aussi depuis que deux éléphans sont morts à la ménagerie du Muséum, qu'on a acquis une connoissance exacte de l'anatomie de ce grand quadrupède.

On ne saurait donc trop recommander aux voyageurs qui se trouveront à portée de se procurer des animaux vivans, de ne rien négliger pour les faire arriver chez nous.

Les petits quadrupèdes, principalement ceux qui fouissent et qui se cachent dans les terriers, sont les moins connus.

On se procurera facilement des animaux, en s'adressant aux naturels du pays qui savent où ils se trouvent, et qui, dans leurs courses, ont souvent occasion d'en rencontrer. Ils pourront les prendre au piége et les amener vivans. Il ne leur sera pas difficile non plus de prendre, dans leur première jeunesse, quelques-uns des quadrupèdes dont ils connaissent la retraite, et des oiseaux dont ils ont vu les nids.

Plus les animaux seront jeunes, plus il sera facile de les accoutumer à vivre renfermés dans des cages. Ils exigeront d'abord des soins particuliers : il faudra toujours les nourrir quelques semaines à terre avant de les embarquer, et l'on ne saurait se donner trop de peine pour les apprivoiser. Un animal qui n'est point effrayé à la vue de ceux qui le soignent se porte toujours beaucoup mieux, et résiste davantage aux fatigues d'un voyage de mer, que celui qui est resté sauvage; et il n'est presque aucun animal qu'on ne parvienne à adoucir par de bons traitemens.

Un excès de nourriture, lorsqu'ils sont renfermés et hors d'état de faire de l'exercice, leur serait extrêmement nuisible. Le plus sûr moyen de les conserver est de ne leur donner que strictement ce qu'il leur faut.

Après une nourriture convenable, ce qui leur est le plus nécessaire, c'est la propreté. On trouvera toujours, sur le vaisseau, quelqu'un qui se chargera de les soigner, soit pour une foible récompense, soit parce que c'est un objet d'amusement. Il sera très-essentiel de prendre des précautions pour que ces animaux ne soient jamais agacés et irrités par les passagers.

Venons maintenant à la collection d'animaux du Cabinet du Roi.

Relativement à l'objet qui nous occupe dans ce Mémoire, il faut distinguer les animaux en quadrupèdes, oiseaux, poissons et reptiles, crustacés, insectes, mollusques et autres vers.

On se procurera des quadrupèdes, soit en envoyant des chasseurs dans l'intérieur des terres, soit en s'adressant aux naturels du pays. Ils se contenteront d'apporter la peau, la tête et les pieds des grands animaux qu'ils auront tués dans un lieu trop éloigné pour qu'il leur soit possible de les conserver et de les transporter entiers.

Les mammifères d'une assez petite taille pour être renfermés dans un bocal ou dans un baril, doivent être mis dans une liqueur spiritueuse. Ceux qui sont trop grands pour qu'on puisse les conserver ainsi, seront écorchés, et l'on aura soin d'envoyer, avec la peau, les pieds et la tête dont on aura ôté la cervelle; ou, si cela ne se peut, on enverra du moins les mâchoires. En préparant la tête, on évitera d'endommager le crâne. On peut avec du soin extraire la cervelle sans augmenter le trou occipital.

Nous parlerons plus bas des procédés qu'il faut employer et des précautions qu'il faut prendre pour la conservation des peaux, et pour celle des animaux mis dans une liqueur spiritueuse.

Lorsqu'on pourra joindre le squelette de l'animal à la peau, on rendra un grand service à la science. MM. les officiers pourront charger de ce soin les chirurgiens des bâtimens, pour qui cette opération sera très-facile.

Il n'est pas nécessaire que les squelettes soient montés. Après avoir fait bouillir les os, et les avoir bien décharnés et bien fait sécher, on mettra tous ceux du même animal dans un sac avec de la mousse, de l'algue, des rognures de papier, ou toute autre matière molle et sèche, pour qu'ils ne se froissent pas les uns contre les autres. On enveloppera de papier ceux qui sont très-fragiles, et l'on aura soin de n'en perdre aucun.

Les chasseurs qui voudront bien nous procurer des oiseaux, auront soin de proportionner le plomb à la grosseur de l'oiseau, pour ne pas les endommager. L'oiseau une fois tombé, il faut essuyer le sang le mieux qu'on le peut, et placer un peu de coton dans le bec et dans les narines de l'oiseau, pour que le sang qui en sortiroit n'endommage pas les plumes, surtout celles de la tête. S'il y a eu du sang répandu sur les plumes, on mettra dessus de la poussière qu'on renouvellera jusqu'à ce qu'elles soient sèches. Si elles étaient encore tachées, il ne faut pas craindre de les laver avec de l'eau : on les laissera sécher ensuite, et on leur rendra leur éclat en les frottant légèrement entre les doigts. Après que l'oiseau est refroidi, et que le sang s'est coagulé, on le prend par les pattes et la queue, pour le placer dans un cornet de papier; et l'on arrange ces cornets dans une boîte, de manière que les plumes ne se froissent point.

Les oiseaux seront écorchés comme les quadrupèdes, et l'on aura soin de conserver avec les mêmes précautions les pieds et la tête. Les oiseaux doivent être écorchés plus promptement que les quadrupèdes, parce que, dès que la putréfaction commence, les plumes se détachent. En fendant la peau sur le ventre pour les écorcher, il faudra prendre soin de bien écarter les plumes, pour qu'elles ne soient pas endommagées. On mettra toujours sur la peau, du plâtre ou de la poussière, pour bien absorber les sérosités. On laissera avec la peau l'os du coccis, sans cela les plumes de la queue risqueroient de se détacher. Il en sera de même des os des extrémités des ailes. Si l'oiseau avait une crête charnue, il faudrait en conserver la tête dans l'eau-de-vie. Lorsqu'on aura plusieurs individus de la même espèce, il sera toujours utile d'en envoyer un dans cette liqueur.

Il est à désirer qu'on puisse se procurer en même temps le mâle et la femelle, et des individus de la même espèce, les uns plus jeunes, les autres plus âgés. Les oiseaux diffèrent beaucoup selon l'âge. Il en est même plusieurs qui ont été pris pour des espèces différentes. Il sera très-utile d'avoir aussi les œufs et les nids. Pour conserver les œufs, on fait un petit trou aux deux extrémités, on les vide, et on les emballe dans du son ou dans de la poussière bien tassée. On aura soin d'indiquer, par des numéros correspondans à ceux que porte la peau, quelle espèce les a pondus. Sans cela, ces sortes de collections sont inutiles. La même précaution pour les nids, qui doivent toujours être emballés dans une autre boîte que celle où sont les œufs.

On enverra, quand cela sera possible, le squelette des oiseaux trop grands pour qu'on puisse les mettre dans la liqueur.

Il est inutile d'empailler les oiseaux. Ils occuperoient trop de place; et cette opération, qui ne peut être bien faite que par des personnes exercées, le sera mieux lorsqu'ils seront arrivés au lieu de leur destination. Il suffit que les peaux, les pattes et surtout la tête soient bien conservées.

Quoique parmi les poissons de mer il y en ait plusieurs qui se trouvent dans divers parages, le plus grand nombre appartient à des rivages, à des golfes particuliers. Il sera donc utile d'envoyer ceux qu'on trouve dans les contrées qui n'ont pas été visitées par les naturalistes, ceux même qui se vendent dans les marchés.

Quant aux poissons d'eau douce, les espèces diffèrent non-seulement selon les pays, mais encore selon les rivières et les lacs où ils vivent. Il est donc à propos d'envoyer tous ceux qu'on pourra se procurer.

On les mettra dans l'eau-de-vie, ou, s'ils sont trop gros, on enverra simplement la peau bien desséchée, en ayant soin de conserver la tête et les nageoires. Il est essentiel que les nageoires soient bien étendues, lorsqu'on les fait sécher. Pour cela, on les colle sur du papier, ou bien on en écarte les rayons en les attachant à des fils. Le premier moyen vaut mieux.

Les reptiles seront également mis dans l'eau-de-vie, à moins que leur grande dimension n'oblige à envoyer seulement la peau bien desséchée. En écorchant les serpens, pour avoir la peau, il faut bien prendre garde de ne pas endommager les écailles. Il faut aussi beaucoup de soin pour ne pas casser la queue des lézards.

Il serait à désirer qu'on pût envoyer le squelette des poissons et des reptiles trop grands pour être mis dans la liqueur.

Ces squelettes n'ont pas besoin d'être terminés. Il suffit d'enlever grossièrement les chairs, et de faire ensuite sécher parfaitement l'ensemble des os, sans les démonter. Le squelette entier sera placé dans une boîte avec du coton, ou avec du sable bien sec et bien fin. S'il est trop long, on pourra le séparer en deux ou trois parties.

Les insectes sont très-variés selon les climats et selon la nature du sol. Il ne faut pas se borner à recueillir les plus grands et les plus riches en couleur. On doit les ramasser tous indistinctement.

On prend avec des filets de gaze ceux qui sont pourvus d'ailes et qui voltigent sur les plantes ; avec des filets d'une toile très-claire, ceux qui nagent dans les eaux. On saisit avec des pinces ceux qui vivent sur des matières putrides et dégoûtantes, et on les jette d'abord dans de l'eau-de-vie camphrée pour les bien nettoyer. Une multitude d'insectes se nourrissent sur les arbres. On s'en procure la plus grande partie en les cherchant avec attention sous les vieilles écorces du tronc, et en secouant les branches au-dessus d'un drap ou d'un parasol renversé.

Lorsqu'on a pris un insecte, on le saisit par le corcelet, et on le pique dans une boîte sur du linge ou de la cire avec une longue épingle. Il faut avoir soin que les ailes des papillons qui s'agitent jusqu'à ce qu'ils soient morts, ne puissent toucher à rien.

Lorsque les insectes sont desséchés, on les met dans des boîtes de carton à fond de liége ou de cire, en les piquant assez solidement pour qu'ils ne puissent se détacher. On aura soin de n'arranger dans une même boîte que ceux qui sont de même grandeur : les plus gros doivent être attachés avec plusieurs épingles bien enfoncées dans le liége.

Les larves des insectes doivent être envoyées dans l'esprit-de-vin. Il sera très-utile, lorsqu'on aura un papillon, d'avoir en même temps la chenille qui le produit.

Si l'on trouve une belle chenille, il sera à propos de la mettre dans une boîte, avec des feuilles de la plante sur laquelle on l'a trouvée, pour qu'elle puisse se transformer. On fera un petit trou à la boîte pour donner passage à l'air.

Tous les insectes, excepté les papillons, peuvent être mis dans l'eau-de-vie : c'est la meilleure manière d'envoyer ceux qui sont un peu gros. Elle a de plus l'avantage de conserver les organes intérieurs, qui pourront être examinés au besoin.

Les boîtes d'insectes à fond de liége ou de cire occupant trop de place, les insectes qui y sont renfermés pouvant se détacher lorsqu'ils sont un peu lourds, et un seul qui se détache pouvant briser tous les autres, il est un moyen plus simple de conserver les grands coléoptères, c'est de les placer, après qu'ils sont desséchés, dans une boîte avec du coton, et de les emballer soigneusement, comme les autres objets fragiles. Ce moyen est encore très-bon pour les crustacés. Il est clair qu'on ne peut l'employer ni pour les petits insectes, ni pour les papillons, ni pour les animaux d'une consistance molle. Les premiers doivent être fixés dans des boîtes, les autres seront conservés dans l'esprit-de-vin.

On demande à ceux qui voudront bien s'occuper de collections d'insectes, d'envoyer particulièrement :

1°. Les araignées et les insectes réputés venimeux. Ceux qui sont les plus nuisibles, tels que les termites ou fourmis blanches ; et d'y joindre leurs nids, lorsqu'ils seront assez solides pour pouvoir être transportés.

2°. Les insectes auxquels on attribue des propriétés médicales ; ceux qu'on emploie pour la teinture, comme les différentes espèces de cochenille, l'animal qui produit la gomme laque, celui dont les excrétions mêlées avec une huile forment une sorte de cire avec laquelle on fait des bougies ; les différentes espèces de vers à soie, leurs cocons, les papillons auxquels ces chenilles donnent naissance, et des échantillons des toiles fabriquées avec ces sortes de soie. Madagascar, le nord des Indes, la Chine, offrent plusieurs vers-à-soie différens du nôtre. On se procurera les diverses espèces d'abeilles domestiques, et l'on prendra des renseignemens sur la manière dont on les élève, sur leur histoire, etc.

3°. On ne négligera point les productions des insectes qui peuvent intéresser par leur singularité, et qui sont propres à nous donner de nouvelles idées sur l'instinct de ces animaux.

4°. Enfin on aura soin, en ramassant des insectes, de cueillir en même temps un rameau de la plante sur laquelle ils se nourrissent, et l'on enverra ce rameau en herbier, avec un numéro correspondant à celui que porte l'insecte.

Quant aux crustacés ou crabes et écrevisses, on recueillera plus particulièrement ceux qu'on mange, en ayant soin de noter les dénominations sous lesquelles ils sont connus, ceux qui habitent les rivages, ceux des eaux douces, ceux qui vivent sur des poissons.

On se contentera d'envoyer l'enveloppe de ceux qui sont d'un très-gros volume, et l'on aura soin de bien laver cette enveloppe dans l'eau de chaux avant de la faire sécher.

Les crustacés d'un moindre volume seront mis dans l'eau-de-vie. Mais, avant de les mettre dans la liqueur, il est extrêmement essentiel de les faire bien dégorger dans l'eau de chaux, pour les débarrasser entièrement du sel marin dont ils sont imprégnés. Sans cela, la plupart se gâtent dans l'esprit-de-vin. Et c'est ce qui est arrivé à plusieurs de ceux de la riche collection de Péron.

Les mollusques doivent être mis dans l'eau-de-vie. Ceux qui ont une coquille d'un certain volume en seront détachés, et la coquille sera placée dans un papier, avec un numéro correspondant à celui du bocal où l'animal est renfermé.

Pour détacher l'animal de la coquille, on le noyera dans de l'eau privée d'air, et, lorsqu'il sera mort, on le retirera facilement avec une pointe, et on le plongera dans l'esprit-de-vin très-concentré (1).

La mer est peuplée d'une infinité d'animaux mous ou gélatineux,

(1) Lorsqu'on met un mollusque dans un bocal rempli d'eau et bien bouché, il meurt aussitôt qu'il a absorbé l'oxigène.

appelés mollusques, dont les uns vivent isolés, les autres en société. La plupart de ces animaux sont inconnus, et leur étude est d'autant plus importante, qu'elle nous donne des notions générales sur l'organisation des êtres et sur la diversité des formes sous lesquelles se montre la nature vivante.

Les chirurgiens et les amateurs d'histoire naturelle qui se trouvent à bord des vaisseaux peuvent nous procurer un grand nombre de ces animaux curieux. Il suffit de les prendre avec un filet, de les bien laver dans l'eau douce, de les mettre dans l'eau-de-vie avec les précautions que nous indiquerons, et de rédiger à l'instant même une note qui indique la latitude du lieu où on les a pris, s'ils vivent isolés ou en société, s'ils sont phosphoriques, s'ils sont à une certaine profondeur ou à la surface des eaux. Les couleurs des animaux gélatineux ne se conservant pas dans la liqueur, il est très-important d'en faire mention.

Il existe à de très-grandes profondeurs dans la mer une multitude d'animaux qui ne paraissent jamais à la surface, et qui sont entièrement inconnus. On pourra s'en procurer beaucoup, en joignant à la sonde un instrument qui puisse les saisir, ou même en examinant ce que la sonde ramène. On les mettra dans l'eau-de-vie après les avoir bien lavés dans l'eau douce.

On ne mettra pas moins de soin à ramasser les coquilles terrestres que les coquilles aquatiques. Les coquilles fossiles sont aussi du plus grand intérêt.

Les coquilles très-fragiles, les oursins, les étoiles de mer, etc., seront enveloppés avec beaucoup de soin dans du coton, et placés chacun à part dans une boîte. Il sera très à propos de laver dans l'eau de chaux les oursins et les étoiles de mer. Les madrépores d'un certain volume seront fixés par du fil de fer au fond de la caisse dans laquelle ils seront placés.

Les vers qu'on pourra se procurer, ceux surtout qu'on aura trouvés dans le corps des autres animaux en les préparant, seront, comme les mollusques, envoyés dans l'eau-de-vie.

Il est à désirer que chacun des animaux qu'on voudra bien nous envoyer en peau, en squelette, ou dans l'eau-de-vie, soit accompagné d'une note qui indique avec précision,

Le pays où l'animal se trouve;

La saison dans laquelle il a été pris;

La manière dont il se nourrit;

Ses habitudes, si on les connoît;

Le nom qu'il porte dans le pays;

S'il est utile ou nuisible;

Les usages qu'on fait de sa peau, de sa chair, de sa graisse, etc.;

Les opinions populaires ou superstitieuses dont il est le sujet parmi les naturels du pays.

Ces notes écrites sur un cahier auront chacune un numéro correspondant à celui qui est attaché à l'objet auquel elles sont relatives.

Afin qu'à l'endroit où les objets et les notes seront d'abord déposés, il n'y ait pas de confusion, il sera bon que la personne qui se chargera de l'envoi vérifie tous les numéros, et les arrange de manière qu'ils forment une série; pour qu'on soit sûr, par exemple, que tel papillon appartient à telle chenille, tel mollusque à telle coquille. Ces numéros peuvent être écrits sur du parchemin ou sur des plaques de métal, qu'on attachera avec un fil de fer, soit aux peaux renfermées dans des caisses, soit aux bocaux et aux barils qui contiendront des animaux. Il serait aisé d'avoir des numéros formés avec un emporte-pièce sur des plaques de fer-blanc, on serait alors assuré qu'il n'y aurait jamais d'incertitude sur les chiffres.

On peut se servir aussi de lames d'étain assez minces, sur lesquelles on grave les numéros avec une pointe d'acier, et ces lames d'étain gravées peuvent être attachées aux animaux qu'on mettra dans la liqueur.

On peut encore attacher aux objets conservés dans la liqueur et à ceux qui sont dans les caisses et bien secs, une petite ficelle avec des nœuds. Ces nœuds forment deux séries séparées par un intervalle : la première série marque les dixaines, la seconde marque les unités ; et par ce moyen on peut indiquer tel numéro que l'on veut.

Nous avons maintenant à parler des moyens d'emballer les objets de zoologie, de manière qu'ils arrivent en France dans le meilleur état de conservation.

Les objets qu'on envoie sont ou des dépouilles d'animaux ou des animaux entiers conservés dans l'esprit-de-vin.

Les peaux d'animaux et les dépouilles des oiseaux seroient attaquées par les dermestes et autres insectes analogues, et dans les pays chauds surtout elles seroient bientôt endommagées, si on ne prenoit des soins pour les garantir.

Le moyen le plus sûr est l'usage du préservatif arsenical, connu sous le nom de savon de Becœur (1).

C'est ce préservatif qu'on emploie au Cabinet du Roi, et le succès en est assuré. Il seroit très-avantageux de s'en servir, surtout pour les objets uniques ou précieux et sur la conservation desquels on ne

---

(1) *Composition et usage du Savon arsenical, dit Savon de Becœur.*

Camphre	5 onces.
Arsenic en poudre	2 livres.
Savon blanc	2 livres.
Sel de tartre	12 onces.
Chaux en poudre	4 onces.

Coupez le savon par petites lames, le plus mince qu'il vous sera possible : mettez-le dans un vase sur un feu doux, avec très-peu d'eau, ayant soin de le remuer souvent avec une spatule de bois. Lorsqu'il sera bien fondu, et que vous n'apercevrez plus de grumeaux, vous y mettrez le sel de tartre et la chaux en poudre. Vous l'ôterez du feu ; vous y ajouterez l'arsenic, et vous triturerez doucement le tout ensemble. Enfin mettez-y le camphre, que vous aurez soin auparavant de réduire en poudre dans un mortier. A l'aide d'un peu d'esprit-de-vin, triturez bien le tout ensemble. Cette pâte doit avoir la consistance de la colle de farine. Mettez le tout dans des pots de faïence ou de terre vernis, avec l'attention d'y placer une étiquette.

Lorsque vous voudrez vous en servir, mettez dans un pot à confiture la quantité que vous croyez pouvoir employer ; délayez-la avec un peu d'eau froide. La matière ainsi délayée doit avoir la consistance d'une bouillie un peu claire. On met sur le pot un couvercle en carton, au milieu duquel on a percé un trou pour laisser passer le manche du pinceau qui doit servir pour l'employer.

veut avoir aucune inquiétude. Il faut en bien enduire les peaux d'oiseaux, et surtout les pattes et le bec : sans cela, sous les tropiques, les insectes ont bientôt dévoré une caisse.

Il faut de même en enduire toutes les parties nues des quadrupèdes, telles que le visage et les mains des singes.

Lorsqu'on l'aura employé, il sera bon d'en avertir, afin qu'en déballant les caisses on secoue les peaux avec précaution.

Chaque oiseau ainsi préparé, et dans l'intérieur duquel on aura mis un peu de coton, non pour lui donner une forme, mais pour que les diverses parties de la peau ne se touchent pas, sera ensuite placé dans un sac de papier bien fermé, et ces sacs seront rangés dans une caisse qu'on aura soin de bien goudronner pour que l'humidité n'y pénètre pas, et que l'air même ne puisse s'y introduire. Les peaux des grands animaux seront grossièrement rembourrées avec du coton ou de la filasse, et renfermées de même dans une caisse impénétrable à l'air et à l'eau.

Les moyens que nous indiquons ici sont simples, faciles, et n'exigent que très-peu de temps.

Venons maintenant aux moyens de conserver les animaux dans une liqueur spiritueuse.

Si ce sont des quadrupèdes, des oiseaux, des reptiles ou des poissons d'un volume un peu considérable, il faut envelopper chaque individu d'un linge qu'on fixe autour du corps avec du fil ; si ce sont des animaux très-petits, comme des souris, de petites couleuvres, des mollusques ou des vers, il faut prendre un linge un peu grand ; on place dessus un certain nombre de ces animaux, de manière qu'ils ne se touchent pas, puis on roule le linge sur lui-même pour en faire une poupée qu'on coud avec du fil pour que rien ne se dérange : ensuite on place ces poupées à côté l'une de l'autre dans un baril qu'on a défoncé. Quand le baril est plein, de façon que les poupées n'aient pas de mouvement, on le referme, et on le remplit d'alcohol par la bonde. Enfin on le goudronne avec soin pour que la liqueur ne puisse s'échapper. Cette méthode a deux avantages :

1°. les animaux enveloppés et contenus par le linge ne peuvent se déchirer les uns les autres par les ongles ou par les épines dont ils sont armés; 2°. ce linge étant imbibé d'alcohol, si le baril venait à fuir, l'animal ne se trouveroit pas à sec tout à coup : et lorsqu'on visiteroit les barils, comme on doit le faire plusieurs fois dans une longue course, on seroit à temps de remettre de l'alcohol dans celui qui en auroit perdu.

La liqueur spiritueuse doit être de 16 à 22 degrés de l'aréomètre de Baumé; plus forte elle détruit entièrement les couleurs des animaux; on ne l'emploie à 22 degrés que pour les mammifères. Les eaux-de-vie de riz, de sucre, l'eau-de-vie de France, en un mot toutes les liqueurs spiritueuses sont également bonnes. On préfère celles qui sont le moins colorées. Il faut employer de l'alcohol plus concentré pour les animaux gélatineux.

Avant d'envelopper les animaux vertébrés dans la toile, il faut faire une incision à la poitrine et à l'abdomen pour introduire de la liqueur dans l'intérieur du corps. Cette ouverture doit être très-petite, et pratiquée sur le côté et non dans le milieu. Si les mammifères sont un peu grands, il est à propos de faire entrer de l'alcohol dans le canal intestinal, soit par la bouche, soit par l'anus.

Il convient de renouveler la liqueur après que l'animal y est resté quelque temps; cette précaution est absolument essentielle quand il y a plusieurs animaux dans le même baril : si on la négligeoit ils pourroient se corrompre.

Il est avantageux que les animaux soient rangés de manière à ne pas toucher le fond du baril, afin qu'ils ne s'affaissent point.

Nous avons exposé ce qui nous paroît le plus essentiel pour la récolte et la préparation des objets de zoologie. Ceux qui désireront des instructions plus détaillées, les trouveront dans l'article Taxidermie que M. Dufresne, chef des laboratoires de zoologie du Muséum, a inséré dans le tome 21 du Dictionnaire d'Histoire naturelle, imprimé chez Deterville en 1803, et dans un Mémoire de M. Péron, inséré dans le second volume du Voyage aux terres australes, p. 373.

Après avoir indiqué d'une manière générale ce qui peut enrichir nos collections, nous croyons devoir désigner spécialement les animaux dont l'existence nous est connue, qui manquent au Muséum ou n'y sont pas en bon état, et que nous désirerions nous procurer.

Russie et Sibérie, pays du nord.

Le morse et son squelette.

Le desman.

Le minck.

Les différentes espèces de renards, avec les crânes et les squelettes.

Le chevreuil de Tartarie.

Le saïga.

Les différens lagomis décrits par Pallas.

Le lapin de Sibérie.

Les phoques et les poissons de la mer Caspienne et du lac Baïcal.

Sénégal.

L'éléphant mâle et femelle, en peau et en squelette.

Le squelette de l'hippopotame.

Le squelette du sanglier d'Éthiopie.

La peau et le squelette des différentes espèces de gazelle, et notamment de celles qui ont les cornes recourbées en avant.

Le pangolin ou fourmilier écailleux, conservé dans l'eau-de-vie.

De petites autruches nouvellement écloses, dans l'eau-de-vie.

Le lamantin, ou bœuf marin.

La grande panthère à larges yeux.

Les gerboises.

Cap de Bonne-Espérance.

Toutes les espèces de gazelles et antilopes qu'on pourra se procurer, en peau et en squelette. Le squelette de l'hippopotame, celui du rhinocéros à deux cornes, celui du grand fourmilier du Cap, appelé cochon de terre; celui du sanglier à masque, qui a de gros tubercules de chaque côté du groin, et qui est représenté par Daniels, pl. 21. La peau du même sanglier, propre à être empaillée. Le daman du Cap, vulgairement appelé klipdase, ou blaireau de roche, dans l'eau-de-vie, en aussi grand nombre qu'on le pourra.

L'éléphant.

Un squelette de giraffe femelle.

Le ratel, ou petit ours mangeur de miel.

Toutes les gerboises ou lièvres sauteurs.

La peau et le squelette d'une espèce de civette qui ressemble à une hyène, par la nature de son poil et la disposition de ses taches. Il faut choisir des individus adultes.

Madagascar.

Les hérissons.

Les makys.

L'aye-aye, décrit par Sonnerat.

Le cheirogaleus, figuré par M. Geoffroy (*Ann. du Mus.*), d'après les dessins de Commerson.

Au reste, Madagascar est si peu connu que presque tout ce qu'on pourra se procurer de l'intérieur de cette île sera probablement nouveau pour les naturalistes.

Pondichéry et toute l'Inde.

Les singes à longs bras appelés gibbons, en peau, en squelette, et dans l'eau-de-vie, s'il est possible. Un orang-outang adulte, en peau et en squelette. Le crocodile du Gange, à museau grêle et allongé.

Le porc-épic à queue en pinceau, surtout le squelette.

Le rat cacaco.

Les pangolins, dont il y a plusieurs espèces; on les connoît aussi sous le nom de lézards écailleux.

Il seroit à désirer qu'on pût se procurer du Thibet :

La vache grognante à queue de cheval;

Les chèvres à poils, donnant la laine de cachemire;

Le cerf du musc;

Les gazelles.

Le dsheren ou chèvre jaune des Chinois;

Le dziggetai ou cheval de Tartarie;

Enfin les animaux carnassiers tachetés, confondus sous les noms de léopard, de panthère, etc.

Archipel de l'Inde et principalement les Moluques.

Ce que l'on désire le plus ardemment, c'est l'espèce de cétacé appelé douiong, dugong ou vache marine, en peau et en squelette, et, s'il est possible, ses viscères, ou du moins son estomac et son larynx dans l'eau-de-vie.

Des phalangers ou coëscoës, ou couscous, dans l'eau-de-vie.

Le tarsier, ou le petit maki, ou singe à jambes de derrière triples en longueur de celles du devant.

La panthère et le léopard de Java.

Le babiroussa.

Le kanguroo d'Aroe.

Ceux qui pourroient aborder à Sumatra sont priés de prendre des informations sur un grand animal qui a été décrit par Newhoff sous le nom de succotiro.

Amérique du Nord.

Le grand rat de Canada.

L'ours gris des montagnes.

L'empetra.

L'antilope des montagnes rocheuses.

Les différens renards.

Le bœuf musqué.

Les poissons du Missouri et du Mississipi.

Antilles.

On demande principalement le rat musqué des Antilles ou pilory, en nombre, dans l'eau-de-vie.

Cayenne.

Toutes les espèces de fourmilier, en squelette et dans l'eau-de-vie, les paresseux, et particulièrement le grand paresseux à deux doigts, en squelette et dans l'eau-de-vie. Toutes les espèces de cerf et de chevreuil en peau et en squelette; l'alouate ou grand singe hurleur, en squelette et dans l'eau-de-vie; plusieurs langues et larynx du même animal, dans l'eau-de-vie.

L'acouchi.

Terre-Ferme et Bouches de l'Orénoque.

Le manati ou lamantin du Rio-Apure, et celui de l'Orénoque.

Le lion de Caracas.

Le puma des Andes.

La tortue de l'Orénoque, dont les œufs servent de nourriture.

Les serpens à deux pieds seulement, ou deux mains seulement (*les bimanes et les bipèdes* des naturalistes).

Comme la Martinique et Cayenne ont des communications fréquentes avec les côtes de la Terre-Ferme et les bouches de l'Orénoque, il est important de connoître le nom de quelques animaux qui abondent dans ces régions, et qu'on se procurera en les demandant sous le nom qu'on leur donne dans le pays.

Il seroit facile de se procurer à Cumana l'oiseau nommé guacharo, qui habite les cavernes de Caripé, et dont les Indiens retirent une graisse fluide comme de l'huile.

On peut demander à Porto-Cabello les poissons du lac Valencia, et à Nueva-Barcelona le bava, espèce de dragonne de deux à trois pieds de long, inconnu en Europe, et différent du monitor; les tatous, et les rats-épineux.

Parmi les animaux qui arrivent vivans à la capitale de la Guiane espagnole, on désireroit surtout avoir les singes caparo, le capucin de l'Orénoque, la viudita, le cacajao ou mono-rabon, l'ouavapavi, le manaviri, et le douroucouli, ou singe dormeur, connu aussi sous les noms de cousi-cousi, cara-arayada ou mono-tigre. On se procurera facilement la peau et les squelettes de ces singes, et l'on pourra en amener plusieurs de vivans.

Il seroit encore à désirer qu'on eût la peau du tigre noir de l'Esmeralda, comme aussi les peaux de différentes espèces de chevreuil (*venados*), des llanos de Cumana et de Barcelone.

Chili et Pérou.

Le guanaco; l'alpaca, la vigogne.

Les poissons des lacs Titicaca et Chucuito.

Le capitan de Santa-Fé, de Bogota, et le capitan des volcans de Quito.

La prénnadilla (*pimelodus cyclopum*).

Brésil.

Du nord du Brésil. Les poissons de la rivière des Amazones, surtout un très-grand dont la langue osseuse et garnie d'aspérités sert de rape aux naturels du pays. M. Vandelli de Lisbonne l'a décrit et figuré sous le nom d'*osteoglossum*.

Du sud du Brésil. Les poissons du Rio-de-la-Plata.

Le guazu-pucu, ou grand cerf d'Azzara, et autres cerfs décrits par ce même voyageur.

Le chinchilla en peau, en squelette, et dans l'esprit-de-vin.

Nouvelle-Hollande et port Jackson.

Des ornithorinques de différentes espèces, en nombre s'il se peut, dans l'eau-de-vie; des phalangers volans; des dasyures et autres didelphes de ce pays, aussi dans l'eau-de-vie; notamment les deux grands dasyures décrits et figurés par Harrings.

Le kanguroo-rat, ou potoroo; le kanguroo laineux roux, et le kanguroo laineux bleu; des wombat, et en général tout ce qu'on pourra avoir de cette contrée, au-delà des montagnes bleues, surtout des poissons.

Outre les objets que nous avons désignés particulièrement pour les pays que nous venons de nommer, nous désirons qu'on nous envoie de chacun d'eux :

Toutes les petites espèces de singes et d'animaux voisins des singes, les belettes, fouines, taupes, écureuils, chauve-souris, et, en général, tous les petits quadrupèdes sans distinction.

Les phoques dont les espèces sont très-variées, et se trouvent sur les côtes de toutes les mers.

Toute espèce de reptiles et de poissons, principalement les poissons mangeables.

Les mollusques, les vers marins quelconques.

Le plus grand nombre de cétacés, avec leur crâne, et entre autres l'animal qui habite dans le nord de l'Océan, et que M. Cuvier a nommé stellera.

RÈGNE VÉGÉTAL.

Les richesses du Muséum, relativement à la botanique, se composent, 1°. des végétaux vivans cultivés dans le jardin; 2°. de la collection des plantes sèches ou herbiers, et de tous les produits du règne végétal qu'il est possible de conserver pour les faire connoître.

La réunion au Jardin du Roi d'un grand nombre de végétaux étrangers ne doit point être considérée comme un objet de luxe ou de curiosité. Elle est utile aux progrès de la science. Les voyageurs n'ont ni le temps ni la facilité de décrire et de dessiner les plantes remarquables sur les lieux où ils les recueillent. C'est seulement lorsqu'elles sont cultivées dans nos jardins qu'on peut les étudier dans tous les périodes de leur végétation, les dessiner quand elles sont en fleur, et s'occuper des moyens de les multiplier, si leur culture peut présenter quelques avantages. Il ne faut point oublier que plusieurs plantes étrangères qui sont aujourd'hui très-répandues ont d'abord été cultivées au Jardin du Roi. Tout le monde sait que les cafés qui peuplent les îles de l'Amérique proviennent d'un pied de café élevé dans nos serres ; et récemment c'est encore de nos serres que l'arbre à pain a été envoyé à Cayenne. Ajoutez à cela que c'est au Jardin du Roi qu'on a d'abord cultivé et propagé, de graines ou de boutures, une multitude de plantes d'ornement qui sont devenues un objet de commerce considérable, ainsi que plusieurs arbres utiles qui font aujourd'hui l'ornement des parcs, et dont quelques-uns commencent à s'introduire dans les forêts. Le Jardin du Roi est un lieu de dépôt où l'on cultive toutes les plantes pour l'étude, mais où l'on donne des soins particuliers à celles qui peuvent présenter un objet d'utilité ou d'agrément. Lorsque ces dernières fructifient, on en recueille les graines pour les distribuer gratuitement à toutes les personnes qu'on croit capables de les multiplier et de les propager. On donne aussi des boutures des arbres qui n'ont pas encore fructifié.

Il seroit sans doute avantageux de faire arriver au Muséum des plantes vivantes, surtout celles dont l'utilité est bien connue dans le pays où elles croissent. Mais le transport des plantes vivantes exigeant beaucoup de soin et donnant beaucoup d'embarras sur les vaisseaux, nous ne désirons recevoir de cette manière que celles que nous aurions demandées, et celles qui ne peuvent se propager de graines, avec toutes les qualités qu'une longue culture leur a fait obtenir ; encore faut-il avoir une occasion favorable pour être assuré que la plupart des végétaux ne périront point pendant le voyage, et pour éviter les dépenses considérables, et souvent inutiles, que le transport des caisses entraîne pour le Muséum. Nous recommandons donc expressément qu'on ne nous fasse jamais d'envoi de plantes vivantes, à moins qu'on ne puisse profiter pour cela du retour d'un jardinier que le Muséum aura désigné pour les recevoir, et qui sera spécialement chargé de les soigner pendant la traversée. Ce sont des graines qu'il est essentiel d'envoyer.

Ces graines doivent être recueillies bien mûres, et mises ensuite dans des sacs de papier, avec une note qui indique :

Si le végétal est un arbre ou une herbe;

Dans quel pays il a été cueilli;

La nature du sol où il croît;

L'élévation de ce sol au-dessus du niveau de la mer;

Le nom qu'il porte dans le pays;

S'il est employé à quelques usages comme aliment, ou dans la médecine et dans les arts; si son histoire ou les propriétés qu'on lui attribue offrent quelques particularités remarquables.

Nous désirerions principalement qu'on nous envoyât des notes sur les poisons végétaux dont les sauvages se servent pour empoisonner leurs flèches, et sur la manière de recueillir et de préparer ces poisons.

Pour être sûr de la maturité des graines, il faut les recueillir lorsqu'elles se détachent facilement de la plante. Dans plusieurs cas on pourra prendre le rameau qui les porte, pour que celles qui ne sont pas bien mûres achèvent de mûrir.

Les sacs où les graines bien sèches seront renfermées, doivent être rangés dans une caisse qui sera ensuite bien goudronnée, pour qu'elles soient à l'abri de l'humidité et de l'atteinte des souris et des insectes.

Il est des graines huileuses qui perdent promptement leur faculté germinative. Les graines de thé, de café, les glands de la plupart des espèces de chênes sont dans ce cas. Ces graines doivent être mises dans de la terre sablonneuse. On met pour cela deux pouces de terre au fond d'une boîte, et on arrange sur cette terre les graines à une distance qui soit à peu près celle de la longueur de la graine. On les recouvre encore d'un pouce de terre, sur laquelle on met une nouvelle rangée de graines, et ainsi de suite jusqu'à un pied de hauteur. On a soin que la caisse soit bien pleine pour que les graines ne puissent se déranger. La caisse doit être couverte, mais de manière que l'air puisse s'y introduire. On pourrait y pratiquer une ouverture au-dessus de laquelle on placerait un treillage en fil d'archal très-serré, pour laisser passage à l'air, sans que les souris ou d'autres animaux puissent remuer la terre. Les graines germent pendant la traversée. Au moment où la caisse arrive à sa destination, on trouve que la radicule des graines s'est développée, et on les met tout de suite dans une terre convenable. C'est par ce moyen que MM. Michaux père et fils ont procuré à l'Europe tant d'espèces de chênes de l'Amérique septentrionale.

Quoique certaines graines à coque dure, comme les noix, les prunes, etc., ne lèvent que long-temps après qu'elles ont été semées, il seroit bon, lorsque l'amende en est huileuse, de suivre la méthode que nous indiquons, pour qu'elles ne se rancissent pas pendant la traversée. Cette précaution est encore utile pour les plantes de la famille des lauriers et de celle des myrthes; surtout si le vaisseau doit passer dans les mers équatoriales.

Lorsqu'on voudra envoyer des graines de fruits pulpeux, il faudra, quand cette pulpe commence à se pourrir, ce qui annonce la parfaite maturité, séparer les graines de la pulpe, pour les faire sécher, et les placer dans des sacs de papier.

Voilà tout ce que nous avons à dire sur les moyens d'augmenter au Jardin du Roi la collection des végétaux vivans, et de lui donner la facilité de rendre de nouveaux services à l'agriculture et au commerce.

Venons aux collections de végétaux secs et des divers produits du règne végétal.

Ces collections, qui ne sont jamais assez complètes, ne sauroient être mieux placées qu'au Cabinet du Roi. C'est par leur secours qu'on peut connoître, comparer et décrire les plantes, en distinguer les espèces, et faire faire des progrès à la botanique. Elles sont le seul moyen de fixer d'une manière invariable la nomenclature et la classification des végétaux. Les voyages de plusieurs naturalistes ont déjà rendu la collection du Muséum très-considérable, et certainement aujourd'hui la plus riche de l'Europe; mais il lui manque beaucoup de choses, il y a beaucoup de lacunes, et elle sera doublée dans quelques années, si ceux qui vont dans les pays étrangers veulent bien y mettre quelque intérêt.

Cette collection, qui occupe déjà quatre salles dans le Cabinet du Roi, se compose des herbiers, des fruits secs ou conservés dans une liqueur spiritueuse, des gommes et des résines, des échantillons de bois, et de quelques autres produits du règne végétal, qui peuvent être d'usage dans la médecine ou dans les arts.

Les soins nécessaires pour l'enrichir présentent moins de difficultés que ceux qu'exige l'augmentation de celle de zoologie.

Les plantes destinées pour les herbiers doivent être autant qu'il est possible cueillies en fleur et en fruit. Lorsque la plante est petite, on la prend entière et même avec la racine; lorsqu'elle est grande, on en coupe des rameaux de quinze pouces; on met ces plantes bien étalées entre des feuilles de papier, sous une planche, en employant une pression qui les empêche de se crisper, et qui n'aille point jusqu'à leur faire perdre leur forme en les aplatissant. Pour que la dessiccation se fasse très-bien, il suffit ordinairement de séparer les échantillons par plusieurs feuilles de papier gris. Dans les pays et dans les saisons humides, il convient d'accélérer la dessiccation par une chaleur artificielle. Pour cela, on met entre deux planches des cahiers d'une centaine de plantes séparées les unes des autres, chacune par deux ou trois feuilles de papier, et l'on place ce paquet dans une étuve ou dans un four duquel on a retiré le pain; ce moyen très-prompt n'altère pas même les couleurs des plantes. Quand elles sont sèches, on les change de papier.

Il est des plantes très-aqueuses, comme sont les plantes bulbeuses, les orchis, etc., qui continuent de végéter dans les herbiers, plusieurs mois après qu'on les y a placées. Lorsque ces plantes seront recueillies dans l'état où on veut les conserver, il est à propos de les plonger pendant une minute dans l'eau bouillante; on retire ensuite la plante, on l'essuie entre deux feuilles de papier gris, et on la fait sécher avec facilité, parce que l'action de l'eau bouillante a détruit la vie de la plante.

Lorsque les fruits d'une plante sont trop gros pour être placés dans l'herbier, il faut les envoyer à part, en ayant soin d'indiquer par un numéro que tel fruit appartient à tel rameau de plante conservé dans l'herbier.

Sur chaque paquet de plantes d'une même espèce, on mettra une note indiquant le nom que la plante porte dans le pays, la hauteur au-dessus du niveau de la mer du lieu où elle se trouve; enfin les mêmes notes que nous avons demandées pour les végétaux vivans. Ces instructions sont extrêmement importantes pour la géographie des plantes, à laquelle M. de Humbold a fait faire de si grands progrès.

Il sera, de plus, utile d'indiquer la grandeur de la plante, la couleur des fleurs, et l'odeur qu'elles exhalent, parce que le plus souvent on ne peut en être instruit par les échantillons d'herbier.

Les fruits secs seront envoyés dans des caisses, avec une étiquette qui indique le rameau de la plante à laquelle ils appartiennent. On fera la même chose pour les gommes et les résines.

Les fruits pulpeux seront envoyés dans l'eau-de-vie ou dans l'eau saturée de sel marin, chaque espèce dans un bocal séparé.

Il est fort à désirer qu'on veuille bien nous envoyer aussi, dans de petites fioles d'eau-de-vie ou d'eau saturée de sel marin, les fleurs trop délicates pour qu'on puisse facilement les analyser lorsqu'elles sont desséchées : telles sont celles des orchidées, des balisiers, des asclépias, etc. Mais il est très-important de bien coller sur la fiole une étiquette qui indique le nom de la plante, ou du moins un numéro correspondant à celui que porte dans l'herbier l'échantillon de la plante à laquelle appartient la fleur. Sans cette précaution, la collection seroit inutile. Il suit de là qu'on ne peut mettre des fleurs de différentes espèces dans la même fiole, à moins qu'il ne soit impossible de les confondre.

Les herbiers et les fruits, lorsqu'ils sont parfaitement secs, doivent être emballés dans des caisses bien goudronnées, et placés à l'abri de l'atteinte des souris et de celle des insectes.

Il sera fort prudent de mettre dans les caisses un peu de coton imbibé d'huile de pétrole ou d'essence de thérébentine.

Il est à désirer qu'on puisse nous envoyer aussi des échantillons des bois propres à l'ébénisterie. Ces échantillons doivent avoir environ dix pouces de longueur, et, s'il se peut, la largeur de l'arbre. Il sera utile d'avoir une coupe longitudinale et une coupe transversale. Mais ce qui est surtout essentiel, c'est de mettre sur le morceau de bois un numéro correspondant à un rameau de l'arbre placé dans l'herbier. Car les botanistes ignorent encore à quels arbres appartiennent plusieurs des bois qui sont dans le commerce.

Parmi les objets qui nous seront envoyés, il n'est pas douteux qu'il s'en trouvera un grand nombre que nous possédons déjà : mais en général ils ne seront pas inutiles. Il y a des plantes qui ont dégénéré dans nos jardins, et dont il sera bon de renouveler les graines. Il en est beaucoup qui fructifient difficilement dans nos serres, et que nous ne pouvons recueillir en assez grande quantité pour en procurer à ceux qui en demandent. Ainsi le *phormium tenax* ou lin de la Nouvelle-Zélande, dont les fibres sont bien plus fortes que celles du chanvre, pourroit être cultivé en grand dans plusieurs de nos départemens où il réussit fort bien, quoiqu'il mûrisse difficilement ses graines.

Les plantes conservées en herbier, et que nous possédons déjà, seront employées à faire des échanges; et les échantillons que nous donnerons à des botanistes dans toute l'Europe serviront à fixer la nomenclature, et à faire de l'École française le centre de la botanique, comme le fut autrefois l'École de Linné.

Les gommes, les résines, les bois de teinture, les produits végétaux qu'on emploie en médecine pourront être analysés à Paris, et nous donner des notions positives sur des objets imparfaitement connus.

Il faut enfin convenir que, malgré le soin que nous donnons à la conservation des collections, il y a toujours quelques objets qui se détériorent avec le temps, et qu'il est utile de renouveler.

Les collections de végétaux, de quelque pays qu'elles nous viennent, présentent toujours un certain nombre de plantes que nous n'avons pas; mais il est des contrées qui sont peu connues, et desquelles nous ne possédons presque rien, et c'est de celles-là que nous désirerions recevoir indistinctement tout ce qu'on pourroit recueillir.

Nous avons beaucoup de plantes des États-Unis : les voyages de plusieurs naturalistes, et particulièrement ceux de MM. Michaux, en ont enrichi nos jardins. Cependant il est encore de beaux arbres qui seroient de la plus grande utilité et qui se multiplieroient dans nos forêts, si nous recevions des graines en assez grande abondance pour en faire des pépinières. M. Michaux avoit rendu ce service, et l'on avait fait une pépinière de chênes, de noyers et autres arbres encore fort rares chez nous. Malheureusement cette pépinière fut détruite dans les premières années de la révolution, et il n'a été sauvé qu'un petit nombre d'individus qui font actuellement l'ornement de nos parcs.

Nos herbiers sont fort riches en plantes de cette contrée.

Nous avons aussi beaucoup de plantes des Antilles. MM. Poiteau et Turpin nous en ont donné de Saint-Domingue; et un jardinier du Muséum nous en a apporté de Saint-Thomas et de Porto-Ricco. Cependant il y a de très-beaux arbres, et par conséquent un grand nombre de plantes qui végètent dans les montagnes, et que nous n'avons pas encore pu nous procurer.

Le voyage de Dombey au Pérou et au Chili a singulièrement enrichi le Jardin du Roi : mais la collection que ce naturaliste nous destinait à son retour ayant été partagée avec l'Espagne, il nous manque encore beaucoup de plantes qu'il avoit ramassées, et dont il fait mention dans ses notes.

Plus anciennement, Commerson, qui avait fait le tour du monde, nous avait apporté un herbier très-considérable et qui contient surtout la plupart des plantes des iles de France et de Bourbon.

Nous possédions depuis le voyage de Tournefort beaucoup de plantes du Levant, et cette collection a été récemment enrichie de toutes celles que MM. Olivier et Bruguière avaient recueillies en Égypte, en Grèce et en Perse.

La collection que MM. de Humboldt et Bonpland ont faite dans leur voyage, a également été donnée au Muséum : elle est d'autant plus précieuse, qu'elle sert de type à l'ouvrage qu'ils publient. Mais il serait à désirer que nous eussions des échantillons plus nombreux.

Nous avons des plantes de Cayenne envoyées par M. Martin, qui a eu, jusqu'à sa mort, la direction des arbres à épicerie de cette colonie.

M. Auguste de Saint-Hilaire vient de nous apporter du Brésil une collection très-riche pour toutes les parties de l'Histoire naturelle, mais surtout pour la botanique, qui avoit été le principal objet de son voyage. Il a déjà publié dans nos Annales une partie de ses recherches, et il se propose de donner une Flore du Brésil.

Nous avons aussi beaucoup de plantes de l'Inde, de l'île de Timor et de l'île de Java : nous les devons au zèle infatigable de M. Leschenault. Mais ces contrées sont si vastes, et la végétation y est si variée, que dans ce qu'on enverra de l'Inde, il se trouvera, pendant plusieurs années, plus de la moitié d'objets inconnus, surtout si on en reçoit de voyageurs qui, comme M. Leschenault, aient pénétré dans l'intérieur des terres.

Le cap de Bonne-Espérance a été fréquemment visité par des botanistes qui nous ont fait des envois : nous ne possédons cependant pas encore toutes les plantes qu'ils ont décrites, et nos relations avec ce pays seront toujours du plus grand intérêt. Le cap de Bonne-Espérance produit un très-grand nombre de plantes d'ornement, et particulièrement des liliacées, qui sont fort recherchées des amateurs, et qui sont un objet de commerce. Ces liliacées perdent presque toutes la faculté de donner des graines, lorsqu'elles ont été cultivées pendant quelques années dans nos jardins. Il seroit donc utile de nous envoyer des graines et des oignons de celles qui sont remarquables par leur beauté, quoiqu'elles existent déjà dans les jardins d'Europe.

La partie de la Nouvelle-Hollande qui a été visitée par les naturalistes qui ont accompagné le capitaine Baudin, nous a fourni une collection très-considérable, et d'autant plus précieuse qu'elle offre des plantes inconnues jusqu'alors, et qui s'éloignent beaucoup de celles des autres parties du monde. Combien ces richesses s'accroîtront encore lorsqu'on aura pénétré plus avant dans l'intérieur des terres !

Nous n'avions rien des îles Mariannes et des îles Moluques lorsque M. Gaudichaud, l'un des naturalistes de l'expédition du capitaine Freycinet, et M. Perrottet, jardinier du Muséum, qui a accompagné le capitaine Philibert dans les mers d'Asie, nous ont apporté de ces îles des plantes fort intéressantes. Mais comme ces voyageurs ont séjourné peu de temps dans les pays qu'ils ont visités, leur collection nombreuse dans son ensemble ne sauroit l'être pour chaque pays particulier.

La côte orientale de l'Afrique et la côte occidentale du nord de l'Amérique sont presque entièrement inconnues pour la botanique comme pour les autres parties de l'histoire naturelle; et tout ce qu'on pourra nous procurer de ces pays sera d'un grand intérêt.

Nous venons d'exposer sommairement les moyens de rendre la collection de botanique digne de l'établissement dont elle fait partie, et de remplir les vœux de Son Excellence, qui veut bien favoriser son accroissement. Nous allons maintenant indiquer quelques objets dont l'acquisition seroit plus particulièrement utile.

Du nord de l'Europe.

Le pin de Lithuanie.

Des côtes septentrionales de l'Afrique.

Le henné.
Le chêne au gland doux.
La pyrèthre.
L'argan de Maroc.

Du Sénégal.

Le gommier du Sénégal.
Le detar (detarium).
Les galega et les indigotiers qui servent à la teinture.

Du Cap.

Les liliacées remarquables par la beauté de leur fleur.
Les protea et les gardenia.

De l'Isle de France.

Le véritable bois d'ébène.

De Madagascar.

Le vahé qui donne de la gomme élastique.

Du Levant.

Le véritable hellébore des anciens, *helleborus orientalis.*
L'astragale qui donne la gomme adragant.
Le baume de Judée.
Des graines du saule pleureur, et un petit pied de l'individu mâle.

Des côtes de Perse.

L'assa fœtida.
Le saule nommé bismith.

De l'Inde.

La salsepareille du commerce.
Le nelumbo.
Le nepenthes.
Le badamier.
Les canarium.
Le mangoustan.
Le kaki, *diospyros kaki.*
Un laurier rose qui donne une belle teinture.
Les apocinées qui donnent la gomme élastique.

L'arbre qui produit l'encens, et qui croît aux environs de Calcuta.

De Carthagène.

Le baumier de Tolu, *toluifera balsamifera.*

De la Terre-Ferme et des Bouches de l'Orénoque.

Les vaisseaux qui vont à la Martinique et à Cayenne ayant, comme nous l'avons déjà dit, de fréquentes relations avec la Terre-Ferme et les Bouches de l'Orénoque, ils pourront nous procurer facilement les plantes de ces régions, que nous désirerions le plus, en les demandant sous le nom par lequel elles sont connues dans le pays, et c'est sous ce nom que nous allons les désigner.

On aura facilement à Cumana des rameaux en fleur et des fruits mûrs du cuspa, que l'on appelle le quinquina (*cascarilla*) de Cumana, et qu'il ne faut pas confondre avec le cuspare des missions de Caroni. Le cuspare fournit le quinquina de la Guiane espagnole, appelé en Europe *cortex angusturæ.*

Les bâtimens qui visitent les ports de la Guaira et de Porto-Cabello, pourront rapporter des rameaux en fleur et des fruits de l'arbre de la vache (*arbol de la vacca*) qui est très-voisin du brosimum. Cet arbre croît près de Barbula, entre Porto-Cabello et Nueva-Valencia. Il sera très-important de rapporter plusieurs bouteilles bien bouchées de ce lait végétal qui peut servir de nourriture aux habitans.

De Santo Thomas de Angostura, et des Bouches de l'Orénoque, on peut rapporter les feuilles, la fleur, le fruit et la farine du tronc du palmier moriche, célèbre parmi les indiens guaraunos; une branche avec des fleurs, ainsi que les fruits du cuspare ou quinquina de Caroni (*cortex angusturæ*); des rameaux en fleur et des fruits de l'arbre qui donne les amandes du Rio-Negro, et qui porte le nom d'almendron ou juvia (*bertholetia excelsa*); enfin des branches, des fleurs et des fruits du palmier chiquichique dont on fait les cordages dans les missions de l'Orénoque.

De la Nouvelle-Hollande.

Des eucalyptus et des casuarina.

Nos collections n'offrent presque rien de la côte orientale de l'Afrique, de la côte occidentale de l'Amérique, non plus que des îles Mariannes et des Moluques. Tout ce qu'on pourra nous envoyer de ces contrées sera du plus grand intérêt.

Outre les collections de végétaux vivans, de plantes conservées en herbiers, et de produits du règne végétal, le Muséum possède encore un assortiment d'outils, de machines, d'ustensiles et de substances employés dans la pratique du jardinage, dans l'agriculture et dans l'économie rurale. Cet assortiment, déjà très-étendu en objets qui sont employés par les divers peuples de l'Europe, auroit besoin d'être augmenté de ceux dont on se sert dans les autres parties du monde. L'administration du Muséum les recevra avec plaisir et reconnoissance. Il seroit à désirer qu'à chacun des outils, à chacune des machines, on joignît une explication de l'usage qu'on en fait, et des avantages qu'on en retire.

MINÉRALOGIE ET GÉOLOGIE.

Les minéraux peuvent se rencontrer soit sous des formes régulières et géométriques, auquel cas on leur donne le nom de *cristaux*, soit en masses plus ou moins irrégulières.

Parmi les cristaux, il en est qui sont tellement situés, qu'on peut, sans les endommager, les séparer de leur support, ou de la matière qui les enveloppe. D'autres composent des groupes saillans au-dessus de support; d'autres enfin sont comme enchatonnés dans son intérieur.

On se procurera autant qu'il sera possible des échantillons relatifs à ces trois états; et à l'égard des cristaux engagés dans l'intérieur de la matière environnante, on détachera des parties de cette matière qui aient au moins huit à dix centimètres (trois à quatre pouces) dans tous les sens, de manière que l'on puisse y observer les divers minéraux qui accompagnent les cristaux.

On détachera également des portions des masses composées d'aiguilles, de fibres, ou granuleuses ou compactes, en observant de les choisir dans un état de fraîcheur et exemptes des altérations qui ont lieu surtout dans celles qui sont situées à la surface.

Les mines métalliques doivent appeler l'attention des voyageurs. Ils observeront si elles sont en couches parallèles à celles des roches environnantes, ou situées dans des fentes appelées *filons*, qui coupent ces couches. En détachant des échantillons de ces mines, on aura soin de laisser à l'entour du métal principal des portions soit des autres métaux qui lui sont associés, soit des substances pierreuses qui souvent l'accompagnent, surtout de celles qui sont cristallisées.

Il est à désirer, pour les progrès de la minéralogie historique et technologique, qu'on prenne des échantillons des roches qui sont employées le plus communément dans la construction des monumens publics, et dans celle des habitations, et que l'on se procure des échantillons bien authentiques de toutes les substances minérales d'usage dans les arts utiles et dans les arts d'ornement, telles que pierres à aiguiser, pierres à construire les fourneaux, pierres à polir, terres à poterie, et les poteries qu'on en fait; en ayant soin d'indiquer les sortes de terres et de pierres qui entrent dans la composition de chaque espèce de poterie, les minéraux employés comme matières colorantes, etc. Si ces minéraux sont indigènes il faut savoir de quel canton ils viennent, et dans le cas où ils seroient exotiques, de quel pays ils sont apportés.

Si l'on trouve des terrains qui renferment des restes d'êtres organisés, tels que des ossemens d'animaux, des coquilles, des impressions de poissons ou de végétaux, on recueillera avec soin des échantillons de ces différens corps, en les laissant enveloppés d'une portion de la terre ou de la pierre dans laquelle ils étoient engagés.

Dans le cas où le terrain que l'on visitera offriroit des traces d'une origine volcanique, on prendra des morceaux relatifs aux diverses manières d'être des substances rejetées par les explosions, dont les unes sont à l'état pierreux, comme les basaltes, d'autres sont semblables au verre, comme les obsidiennes, d'autres à l'état de scories, etc. Pour celles qui sont en prismes, on aura soin de noter la forme de ces prismes, et l'étendue qu'ils occupent sur le terrain.

A chaque morceau doit être jointe une étiquette, qui indiquera le nom du pays où il aura été trouvé, celui de l'endroit particulier dont il aura été retiré, la distance de cet endroit et sa situation à l'égard de quelque ville connue dont il sera voisin, la nature et l'aspect général du sol, autant que cela se pourra, enfin son élévation au-dessus du niveau de la mer.

Partout où l'on trouvera des eaux thermales ou minérales, on aura soin d'en remplir un flacon, qui sera bien bouché et bien lutté.

Depuis qu'on a abandonné les systèmes pour se borner à observer les faits et à comparer les observations, depuis qu'on a renoncé à deviner l'origine des choses pour bien connoître leur état actuel, la géologie, qui appartenoit autrefois au domaine de l'imagination, a pris la marche des sciences exactes; et c'est surtout en France qu'elle a fait d'immenses progrès. Cette marche régulière et comparative a non-seulement étendu nos connoissances sur la constitution du globe, elle a même produit des résultats utiles pour les arts. Cependant nous sommes encore bien loin de connoître les diverses contrées de la terre, comme nous connoissons l'Europe; et les faits nécessaires pour fixer nos idées ne peuvent être recueillis que par des voyageurs instruits et livrés à ce genre d'études.

Mais il est facile à ceux qui visitent les contrées éloignées, surtout au-delà des tropiques, de nous procurer des notions importantes, et de nous envoyer des productions dont l'examen seul pourra nous éclairer et fournir des renseignemens sur la nature du sol des divers pays, et par suite sur la disposition générale des minéraux qui constituent l'écorce du globe.

Sur toutes les côtes, dans toutes les îles où aborde un vaisseau, les personnes qui descendent à terre, pourront, sans beaucoup de peine, nous procurer des objets qui, n'ayant aucun prix par eux-mêmes, deviendront instructifs et intéressans par les notes bien simples dont ils seront accompagnés.

On peut d'abord recueillir sur le bord des torrens des cailloux qui indiquent la nature des roches desquelles ils proviennent. On choisira les plus gros, on notera quel est leur volume, et l'on en cassera des fragmens. On en prendra aussi quelques-uns des plus petits, en ayant soin de choisir ceux qui ont un aspect différent. Les cailloux sont d'autant plus petits, qu'ils viennent de plus loin.

Partout où l'on verra une roche s'élever soit au milieu des eaux, soit dans l'intérieur des terres, on observera si cette roche est toute d'une même substance, soit homogène, soit composée, ou si elle est formée de diverses couches. Dans le premier cas on en détachera un fragment. Dans le second cas on observera la position relative des couches, leur inclinaison et leur épaisseur; et l'on prendra un échantillon de chacune de ces couches, en mettant la même marque sur tous les morceaux qui proviennent d'une même montagne, et un numéro particulier sur chacun d'eux, pour indiquer l'ordre de leur superposition, ou de leur situation réciproque. Si la personne qui voudra bien recueillir les échantillons peut y joindre un croquis au simple trait, qui indique la forme de la montagne, l'épaisseur et l'inclinaison des couches, ce sera rendre un service essentiel.

Dans le cas où la roche qu'on observe est un pic isolé, il est utile de l'examiner et de le dessiner sur deux faces, pour mieux s'assurer de l'inclinaison des couches.

Il ne sera pas inutile de recueillir du sable des rivières, surtout de celles qui charrient des paillettes métalliques; mais il faut que ce sable soit pris aussi loin de l'embouchure que cela est possible.

On trouve dans quelques pays des masses isolées auxquelles le peuple attribue une origine singulière. Il faut en prendre des fragmens. Peut-être s'en trouve-t-il qui sont des aérolites, d'autres peuvent avoir été transportées par les révolutions du globe.

En recueillant des fragmens de roches, de mines, de produits volcaniques, de corps organisés fossiles, la chose la plus essentielle, c'est de bien noter leur gisement, c'est-à-dire la nature du sol où on les a trouvés, et leur position relativement aux substances qui les environnent.

Les couches de basalte méritent une attention particulière, soit en elles-mêmes, soit sous le rapport des terrains qui les supportent ou qui les recouvrent. On remarquera si elles sont divisées en masses irrégulières, en tables, en prismes, et quelle est leur disposition. On observera si elles renferment des débris de corps organisés, et l'on aura soin d'en recueillir des échantillons dans les divers états, ainsi que des matières sur lesquelles le basalte repose. On s'assurera surtout s'il n'y a pas interposition de matières scorifiées, ou de ces lits d'un aspect terreux auxquels les allemands donnent le nom de wakke, et dont on a contesté l'origine volcanique.

Les roches nommées trachytes par M. Haüy méritent le même intérêt. Elles se distinguent surtout des porphyres primitifs, intermédiaires ou secondaires, par l'absence du quartz et la présence du pyroxène ou du fer titané.

Quelle que soit, au reste, la nature et l'âge des terrains que l'on observera, ce qui importe le plus, c'est de recueillir les échantillons des roches les plus communes et les plus abondantes, celles qui constituent principalement la masse du sol; l'étude des variétés, des couches subordonnées et des matières accidentelles de toute espèce doit passer après. En général, il faut considérer l'ensemble de la constitution d'une localité, si l'on veut procéder avec utilité au choix des échantillons destinés à la représenter; ce choix deviendra facile si l'on s'impose la règle de ne pas quitter un escarpement, une montagne, une contrée même, sans en avoir fait la coupe, soit réelle, soit figurative. Nous ajouterons que ces coupes doivent être l'objet principal des travaux du géologue voyageur.

Il ne faut point s'embarrasser de morceaux d'un volume considérable. Des échantillons de dix et huit centimètres sur trois ou quatre d'épaisseur sont suffisans. Il ne faudroit prendre de plus grandes masses qu'autant qu'elles renfermeroient des débris organiques fossiles, tels que des squelettes d'animaux.

Pour emballer les échantillons, on les recouvrira d'abord immédiatement d'un papier fin. Au-dessus de ce papier, on mettra celui sur lequel est écrite l'étiquette ou la note du gisement, puis un second papier fin que l'on entourera de filasse, et l'on enveloppera le tout d'un papier gris. On arrangera ensuite tous ces échantillons dans une caisse, en les plaçant de champ et par lits successifs, en les serrant fortement les uns contre les autres, et en garnissant les interstices avec du papier haché ou de la filasse, de manière que leur ensemble forme une seule masse dans laquelle rien ne puisse se déranger. On ne laissera absolument aucun vide entre la dernière couche et le couvercle. La caisse sera goudronnée pour la garantir de l'humidité.

Le mérite des collections géologiques tenant principalement à la connaissance des circonstances locales dans lesquelles chaque échantillon a été pris, il est indispensable de joindre aux collections des catalogues raisonnés. On reprendra, dans ces catalogues, les numéros des échantillons et les indications sommaires inscrites sur les étiquettes ; on y insérera tous les détails qui paraîtront propres à donner une idée complète des terrains qui auront été observés, et on y tracera, soit en marge, soit dans le corps du discours, les croquis et les coupes qui auront été recueillis sur les lieux. Il sera utile que ces catalogues soient dressés en double. Une expédition, serrée entre deux petites planches qu'on ficellera, pourra être mise à la partie supérieure d'une des caisses. L'autre expédition devra être adressée directement à l'administration du Muséum.

En exposant les moyens les plus propres à enrichir la collection du Muséum, et à fournir aux professeurs de cet établissement des instructions sur les objets qui leur seront envoyés, nous avons indiqué ce qui seroit le plus utile. Mais nous sentons bien que les voyageurs qui n'ont pas pour unique but l'étude de l'histoire naturelle, et les personnes qu'on chargera de nous procurer des animaux, des végétaux et des minéraux étrangers, ne seront pas toujours à portée de prendre tous les soins que nous désirerions. Dans ce cas, nous aurons toujours pour eux de la reconnoissance, s'ils nous envoient des graines recueillies au hasard, des peaux d'animaux dans des caisses bien goudronnées, des petits animaux jetés pêle-mêle dans un baril de liqueur spiritueuse, des minéraux avec une note qui indique le lieu où ils ont été ramassés. Mais ils rendront d'autant plus de services à la science, ils rempliront d'autant mieux nos vœux pour ses progrès, qu'ils se rapprocheront davantage des conditions que nous avons indiquées.

Ce que nous avons dit relativement à la récolte et à la préparation des objets, s'adresse aux personnes qui ne se sont point spécialement livrées à l'étude de l'histoire naturelle. Si dans les pays où aborderont les vaisseaux français, il se trouve quelque naturaliste, il pourra envoyer des objets choisis et préparés avec soin, et l'administration du Muséum s'empressera de lui faire passer en échange ceux qu'il pourrait désirer, et dont elle possède des doubles. Ces communications réciproques sont tout-à-fait analogues au but de notre établissement. Elles seront infiniment utiles au progrès des sciences naturelles, et nous nous flattons que Son Excellence voudra bien nous en faciliter les moyens.

Il nous reste à dire un mot de l'emballage des objets, et des soins à prendre pour qu'ils ne soient pas endommagés pendant la traversée.

Aussitôt que les objets préparés, comme nous l'avons dit, auront été placés dans les caisses, il faut fermer ces caisses le mieux qu'il sera possible, et les goudronner sur toute la surface, de manière que ni l'air ni l'humidité ne puissent y pénétrer. On les enveloppera ensuite d'une toile huilée, et on les placera dans le vaisseau, dans un lieu où on croit qu'elles peuvent rester jusqu'à leur arrivée, et autant qu'il sera possible à l'abri de l'excessive chaleur, et hors de l'atteinte des souris.

Il est inutile d'avertir que les bocaux et flacons de verre doivent être mis dans des caisses bien garnies de filasse ou d'algue, et rangés de manière qu'ils ne courent aucun risque de se casser.

Lorsqu'une expédition nous aura été faite, il est essentiel qu'on s'empresse de nous en donner directement avis, avec indication du nombre et du poids des caisses, des objets qu'elles renferment, du bâtiment sur lequel elles ont été embarquées, de l'époque du départ, du temps qu'elles seront en route, et du port de mer où elles arriveront. Ces indications nous sont principalement nécessaires pour obtenir à temps, de l'administration des douanes, que les caisses soient plombées et ne subissent qu'à Paris la visite qui est prescrite par les réglemens; elles nous serviroient à retrouver les caisses, dans le cas où les commissionnaires mettraient de la négligence à nous les faire parvenir.

Lorsque les caisses auront été transportées en France, par un bâtiment de l'État, Son Excellence voudra bien donner des ordres pour qu'elles ne soient point ouvertes avant d'être envoyées au Muséum. Sans cela, la plupart des objets qu'elles contiennent courroient risque d'être brisés ou détériorés.

L'intérêt que Son Excellence prend à la collection du Jardin et du Cabinet du Roi, et les soins qu'elle veut bien se donner pour l'enrichir, ne nous laissent pas douter que cette collection sera bientôt considérablement accrue; qu'elle formera une série aussi complète qu'il est possible; que les savans de toute l'Europe viendront y chercher de nouvelles connoissances et la solution des difficultés qui les embarrassent; et qu'il en résultera une utilité réelle pour l'agriculture, pour le commerce et pour les arts.

Le ministère de Son Excellence fera époque dans l'histoire d'un établissement qui, étant l'objet de l'admiration des étrangers, et contribuant à la gloire de la France, mérite à tous égards la protection particulière dont Sa Majesté veut bien l'honorer.

www.ingramcontent.com/pod-product-compliance
Ingram Content Group UK Ltd.
Pitfield, Milton Keynes, MK11 3LW, UK
UKHW021957260726
13994UKWH00004B/1801

9 782329 329277